BEI GRIN MACHT SICH IHR WISSEN BEZAHLT

- Wir veröffentlichen Ihre Hausarbeit, Bachelor- und Masterarbeit

- Ihr eigenes eBook und Buch - weltweit in allen wichtigen Shops

- Verdienen Sie an jedem Verkauf

Jetzt bei www.GRIN.com hochladen und kostenlos publizieren

GRIN

Bibliografische Information der Deutschen Nationalbibliothek:

Die Deutsche Bibliothek verzeichnet diese Publikation in der Deutschen National-
bibliografie; detaillierte bibliografische Daten sind im Internet über http://dnb.d-
nb.de/ abrufbar.

Dieses Werk sowie alle darin enthaltenen einzelnen Beiträge und Abbildungen
sind urheberrechtlich geschützt. Jede Verwertung, die nicht ausdrücklich vom
Urheberrechtsschutz zugelassen ist, bedarf der vorherigen Zustimmung des Verla-
ges. Das gilt insbesondere für Vervielfältigungen, Bearbeitungen, Übersetzungen,
Mikroverfilmungen, Auswertungen durch Datenbanken und für die Einspeicherung
und Verarbeitung in elektronische Systeme. Alle Rechte, auch die des auszugsweisen
Nachdrucks, der fotomechanischen Wiedergabe (einschließlich Mikrokopie) sowie
der Auswertung durch Datenbanken oder ähnliche Einrichtungen, vorbehalten.

Impressum:

Copyright © 2014 GRIN Verlag, Open Publishing GmbH
Druck und Bindung: Books on Demand GmbH, Norderstedt Germany
ISBN: 978-3-668-01268-4

Dieses Buch bei GRIN:

http://www.grin.com/de/e-book/302891/vorteil-im-professionellen-sportwettkampf-
eine-analyse-der-oberflaeche

Ulrich Reinfeld

Aus der Reihe: e-fellows.net stipendiaten-wissen

e-fellows.net (Hrsg.)

Band 1523

Vorteil im professionellen Sportwettkampf? Eine Analyse der Oberfläche und Struktur von Wettkampfschwimmanzügen

GRIN Verlag

GRIN - Your knowledge has value

Der GRIN Verlag publiziert seit 1998 wissenschaftliche Arbeiten von Studenten, Hochschullehrern und anderen Akademikern als eBook und gedrucktes Buch. Die Verlagswebsite www.grin.com ist die ideale Plattform zur Veröffentlichung von Hausarbeiten, Abschlussarbeiten, wissenschaftlichen Aufsätzen, Dissertationen und Fachbüchern.

Besuchen Sie uns im Internet:

http://www.grin.com/

http://www.facebook.com/grincom

http://www.twitter.com/grin_com

Inhaltsverzeichnis

1. Einleitung

32 Entscheidungen und 25 Weltrekorde. So sah die Bilanz der Beckenschwimmer nach zwei Wochen olympischer Spiele in Peking im Jahre 2008 aus. Sechs davon wurden alleine von Michael Phelps aufgestellt (Zinkant, 2008, S.1), welcher seine Bestzeit über 400 Meter Lagen seit sechs Jahren fortlaufend verbesserte und sich währenddessen um knappe acht Sekunden gesteigert hatte (FINA, 2014, o.S.). Da eine solch außergewöhnliche Verbesserung im Schwimmsport Ewigkeiten darstellt, folgten endlose Versuche Erklärungen zu finden. Die deutsche Sporthochschule in Köln sprach sich für ein neuartiges Dopingmittel aus, während anderen einfach außergewöhnliches Talent und hartes Training als Begründung ausreichte (Zinkant, 2008, S.1). Darüber hinaus wurde jedoch noch ein anderer Aspekt kontrovers diskutiert: die Schwimmanzüge. Diese hatten durch Ausnahmetalent Ian Thorpe Weltbekanntheit erlangt. Der überragende Australier schwamm ebenfalls mehrere Weltrekorde und besonders ab dem Jahr 2000 fiel dabei auf, dass er stets mit einen Ganzkörperanzug an den Start ging (Spiegel Online, 2000, o.S.). Das Tragen der Anzüge etablierte sich ab diesem Zeitpunkt als Muss für jeden Weltklasseschwimmer. Hersteller und Sponsoren versuchten immer noch bessere Anzüge zu entwickeln, um den Athleten gleichermaßen schnellere Zeiten zu ermöglichen. Während die Leistung der Schwimmer mit jeder Neuentwicklung fortwährend weiter anstieg, stellten sich ebenso immer mehr Sportler und Fans die Frage ob nun das Können der Athleten oder das Tragen des richtigen Anzugs über die Verteilung der Podestplätze entschied. Nachdem ein Jahr später bei den Weltmeisterschaften in Rom wiederum mehrere Weltrekorde „pulverisiert" wurden (Kelnberger, 2010, o.S.) , schien sich der Weltverband FINA gezwungen zu handeln: Zunächst wurde das Reglement für das Tragen bestimmter Anzüge erheblich eingeschränkt und schließlich wurden sie ab erstem Januar 2010 ganz von Wettkämpfen verbannt (FINA, Dubai Charter, S.3). Die als unüberwindbar geltende Barriere der „Anzug-Weltrekorde" begann jedoch schon im selben Jahr zu bröckeln. Marktführer und damaliger Sponsor des amerikanischen Schwimmteams Speedo bewarb sein Modell Fastskin II © mit um 7% widerstandsverringernder Oberfläche, was bis zu diesem Zeitpunkt von unabhängiger Quelle aber nicht nachgeprüft war. Darüber hinaus enthielt das Werbematerial keine nachprüfbare Quellenangabe (Klauck et al., 2002). Dies wirft die Frage auf, inwiefern die „Hightech-Anzüge" wirklich zur Rekordflut der 2000er Jahre beitrugen und wie sicher sich die Funktionalität dieser wissenschaftlich belegen lässt.

2. Charakteristisches Funktionsprinzip von Schwimmanzügen

Das Bestreben professioneller Sportler ihre Wettkampfleistung fortwährend zu verbessern und so der Konkurrenz immer einen Schritt voraus zu sein führte im Laufe der Zeit zu einer Reihenfolge von Optimierungsprozessen bezüglich des zielgerichteten Adaptionsprozesses des menschlichen Körpers, auf welche der Mensch zurückgreift um seine Leistung weiter zu steigern. So lässt sich in vielen Sportarten feststellen, dass nach der nahezu vollkommenen Ausreizung der exogenen Faktoren des Trainingsprozesses, also im Wesentlichen die Qualität und Quantität des Trainings und der Ernährung, versucht wird die Ergebnisse anderweitig zu verbessern. Im Schwimmsport sollen so die Schwimmanzüge bessere Zeiten ermöglichen, ohne dass der Schwimmer seine Technik, Kraft oder Ausdauer weiter trainieren muss. Bei der Entwicklung dieser Anzüge wurde und wird auf verschiedene, den Sportler unterstützende Techniken zurückgegriffen. Neben der Verringerung des Wasserwiderstandes sind die Erhöhung des Auftriebs, eine mechanische Unterstützung des Körpers und Verzögerung der Ermüdung der Muskulatur durch Kompression die wesentlichen Faktoren, welche das schnelle Schwimmen positiv beeinflussen sollen (Speedo, 2014, o.S.). Weiterhin muss der Anzug sowohl Stabilität und Funktionalität als auch Tragekomfort bieten. In den nachfolgenden Kapiteln werden so zunächst die verwendeten Materialien charakterisiert und schließlich die Wettkampfanzüge auf ihre Funktionalität hin untersucht.

2.1 Verarbeitete Materialien

Anfangs ist anzumerken, dass aufgrund der Verschiedenheit der Schwimmanzüge im Zuge dieser Arbeit lediglich die Fastskin©-Reihe des Sportartikelherstellers Speedo bezüglich der verarbeiteten Materialien untersucht wird. Dies liegt darin begründet, dass Athleten, welche einen Anzug aus dieser Reihe trugen mit Abstand die besten Leistungen erbrachten; so trugen bei den Olympischen Spielen im Jahr 2008 beispielsweise 98% aller Medaillengewinner den „Fastskin LZR Racer"© (NASA, 2012, o.S.).

Laut Herstellerangaben werden diese Anzüge zu 65% aus dem Polyamid Nylon und zu 35% aus Elastan hergestellt. Dieses Gewebe trägt auch den Markennamen LZR Pulse© (Speedo, 2014, o.S.)

2.1.1 Nylon

Der Trivialname „Nylon" bezeichnet eigentlich ein Molekül mit dem chemisch korrekten Namen (Poly-)hexamethylenadipinsäureamid, welches wiederum aus 1,6-Diaminohexan und 1,6-Hexandisäure mittels Polykondensation hergestellt wird. Bei dieser Reaktion binden sich die Moleküle beliebig oft an ihren funktionellen Gruppen (Amidgruppe und Carboxygruppe) aneinander und bilden so ein lineares Makromolekül (=Nylon) das zur Gruppe der Polyamide (lineare Polymere mit regelmäßig anhängenden Amidverbindungen) gehört:

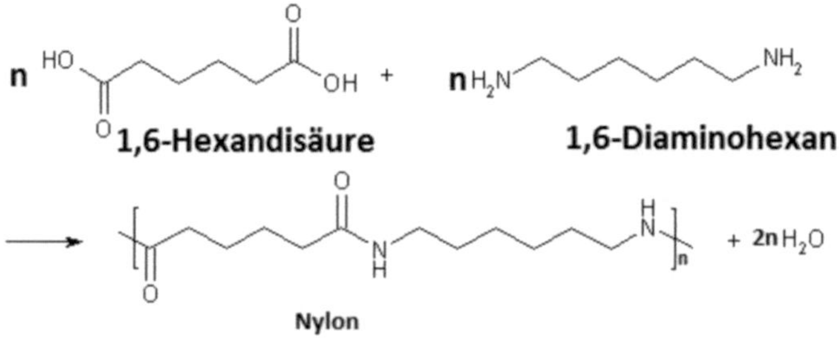

Abb. 1: Polykondensation von Nylon.

Zwischen den Sauerstoff- (mit negativer Partialladung) und den Wasserstoffatomen (mit positiver Partialladung) bilden sich bei der Aneinanderlagerung mehrerer Ketten Wasserstoffbrückenbindungen, also starke zwischenmolekulare Anziehungskräfte aus (siehe Abb.2).

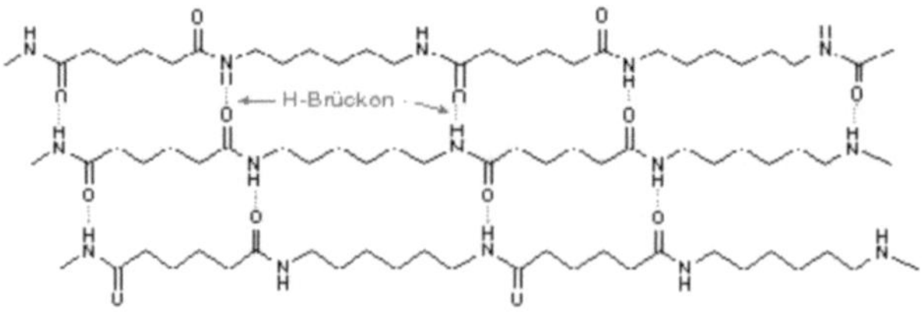

Abb.2: Anordnung der Molekülketten in einer Nylonfaser

Dies stellt einen Grund dar, warum Nylon für die Herstellung von Schwimmanzügen geeignet ist: Die Wasserstoffbrücken sorgen zwar dafür, dass die entstehende Faser weniger elastisch wird, jedoch kann durch sehr feines Weben eine hohe Elastizität bei gleichzeitig hoher Stabilität erreicht werden (Brockmann, 2000, o.S.).

Da Nylon zu den Thermoplasten gehört, bietet es darüber hinaus den Vorteil, dass es sich im geschmolzenen Zustand „verschweißen" lässt. So werden Nähte vermieden, welche eine Widerstandserhöhung verursachen würden.

2.1.2 Elastan

Elastan besteht zu mindestens 85% aus Polyurethan. Das Besondere an Elastan ist seine räumliche Struktur: es besitzt lineare Strukturen aus Harnstoff- und Urethanbindungen und Etherbindungen (siehe Abb.3), welche ohne mechanische Einwirkung in „verknäuelter" Struktur vorliegen. Daraus folgt, dass sich Elastan wegen der linearen Strukturen als Faser verwenden lässt, aufgrund der „verknäuelten" Strukturen jedoch auch ein hohes Maß an Elastizität bietet.

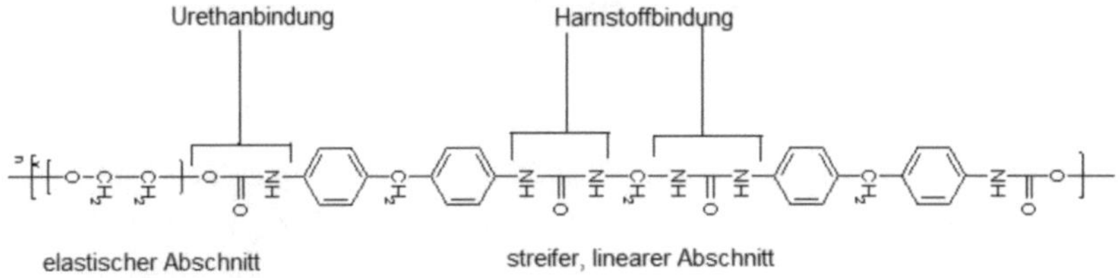

Abb.3 Molekülausschnitt aus einer Elastanfaser

Diese „Knäuel" geben unter longitudinal auf die Faser einwirkende Kräfte nach, welche dann gedehnt wird. Nach der Krafteinwirkung kehrt diese dann wieder in die Ausgangslage zurück. Elastan lässt sich demnach um das fünf- bis siebenfache seiner Ausgangsgröße dehnen, wobei es sich in Kleidung verarbeitet eng an die Haut anlegt und trotzdem Bewegungsfreiheit bietet (Brockmann, 2000, o.S.).

Grundsätzlich lässt sich also feststellen, dass Nylon und Elastan Eigenschaften besitzen, welche sie für die Anforderungen der Verarbeitung und des Tragens als Wettkampfschwimmanzug besonders geeignet machen.

2.2 Muskelkompression

Ein oft genanntes Argument für die Leistungssteigerung durch Schwimmanzüge von deren Herstellern ist die Muskelkompression (Speedo, 2014, o.S.). Diese soll die Ermüdung der Muskulatur verzögern und folglich zu schnelleren Zeiten führen. Prinzipiell soll der Schwimmanzug also durch moderaten Druck auf die Extremitäten die so genannte Muskelpumpe unterstützen. Unter Muskelpumpe versteht man die

Unterstützung der Gefäße beim Rücktransport des Blutes zum Herzen durch die anliegende Muskulatur. Diese übt durch Kontraktion Druck auf die Venen aus. Wie in Abb.4 deutlich wird kann das Blut in den Venen wiederum nur in Herzrichtung weitergepumpt werden, da sich die Venenklappen nur in diese Richtung öffnen.

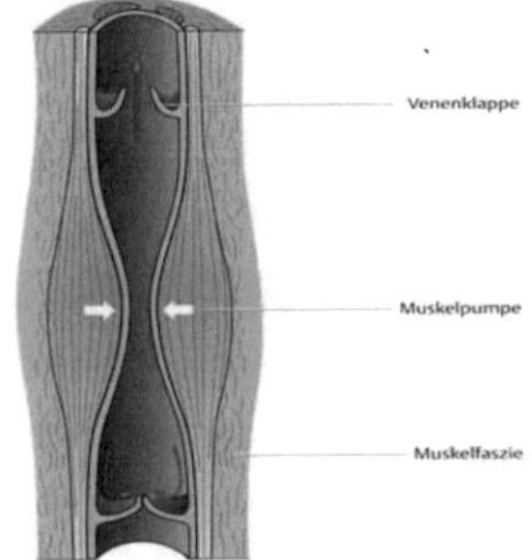

Abb.4: Schematische Darstellung der „Muskelpumpe"

Zumal dies an den in der Medizin und auch in anderen Sportarten (z.B. Laufen) verwendeten Kompressionsstrumpf erinnert, scheint eine Eignung für den Schwimmsport durchaus sinnvoll. Aufgrund der Tatsache, dass es beim Schwimmen komplexere Bewegungsabläufe und mehr azyklische Elemente gibt, stellt sich die Frage ob ein enger Anzug den Schwimmer nicht mehr behindert, als ihm Nutzen zu bringen. Des Weiteren ist die leistungssteigernde Wirkung durch Kompression nicht ausreichend belegt. Verschiedene Studien machen hier die Komplexität des Themas deutlich. Die Verbesserung des venösen Rückflusses wurde bereits 1980 nachgewiesen. Ebenso wurde währenddessen jedoch festgestellt, dass auch eine Beeinträchtigung der anderen Gefäße stattfindet, was für Sportler bedeuten würde, dass zwar der Abtransport sauerstoffarmen Blutes und des darin enthaltenen Laktats unterstützt würde, der Nachfluss an arteriellem Blut aber verringert werden würde (Lawrence et al., 1980). Zu erwähnen ist hierbei auch eine Studie mit 10 Probanden, bei welcher die Kraft des m. rectus femoris mit und ohne komprimierender Belastung gemessen wurde. Bei den Versuchsteilnehmern wurde mit einer Platte (m=21,5 kg) Druck auf den Oberschenkelstrecker ausgeübt. Widersprüchlich zu oben erwähnter Bewerbung stehen dabei jedoch die Ergebnisse der Studie: die Muskulatur wurde durch die Kompression nicht stärker, sondern büßte sogar merklich an Kraft ein (im Experiment zwischen 11-14%). Möglicherweise geschieht dies durch die Hubarbeit, welche der Muskel zusätzlich aufbringen muss (Anheben der Platte) (Siebert et al., 2011). Da Muskeln für Maximalkraftarbeit jedoch prinzipiell nur die im Muskel vorliegenden Phosphatspeicher „aufbrauchen", ist dieser Versuchsaufbau für eine

Aussage über den Einfluss der Muskelkompression auf längere, insbesondere anaerobe Belastungen nicht geeignet. Um Aussagen bezüglich längerer Belastungen, wie sie während eines Schwimmwettkampfes auftreten, machen zu können, sind zwei 1987 und 2004 durchgeführte Studien besser geeignet. Der 1987 von Robert McMurray und Michael Berry verwendete Versuchsaufbau teilte die zwölf Versuchsteilnehmer zunächst in zwei Gruppen ein, von denen die erste (sechs Personen) auf ihren maximalen Sauerstoffumsatz während des Fahrens auf einem Fahrradergometer, einmal mit Kompressionsstrumpf und einmal ohne, hin untersucht wurde. Die zweite Gruppe (ebenfalls 6 Personen) hatte unter verschiedenen Bedingungen dreimal jeweils drei Minuten bei intensiver Belastung auf dem Ergometer zu absolvieren. Die veränderten Bedingungen bestanden hier aus dem Tragen des Kompressionsstrumpfes während der Belastung und der Ruhephase, Tragen des Kompressionsstrumpfes nur während der Belastung und dem Tragen keines Kompressionstrumpfes. Der Versuch kam zu dem Ergebnis, dass die Kompression weder eine Erhöhung des maximalen Sauerstoffumsatzes, noch eine Verringerung des Laktatwertes im Blut während der Belastung verursachte. Sie unterstützte jedoch den Abtransport des Laktats nach der Belastung (Berry et al., 1987). Dies konnte die zweite Studie weiter untermauern: Die gemessenen Verbesserungen der Regeneration lagen im Durchschnitt bei 1,4%. Außerdem berichteten alle 12 Probanden von weniger Schmerzen beim Tragen des Strumpfes (Chatard et al., 2004) Wobei hier zu erwähnen ist, dass diese an 63 Jahre alten Männern durchgeführt wurde, was ihre Aussagekraft bezüglich des Einflusses von Muskelkompression auf Hochleistungssportler schmälert. Außerdem ist zu bemängeln, dass genannte Studien aufgrund der geringen Teilnehmeranzahl keine besonders belastbaren Schlussfolgerungen erlauben.

Da sich jedoch soweit keine akute Erhöhung der Leistungsfähigkeit feststellen lässt, stellt das die Auswirkung eines engen Schwimmanzuges auf die einzelne Wettkampfleistung durchaus infrage. Der positive Effekt auf die Regeneration des Muskels und die mögliche Verringerung des Schmerzes könnte jedoch zum Aufrechterhalten eines hohen Leistungsniveaus während vieler Starts innerhalb eines Wettkampfes (z.B. Olympische Spiele 2008) beigetragen haben.

2.3 Erhöhung des Auftriebs

Wie bereits in der Einleitung erwähnt schränkte die sogenannte Dubai Charter im Jahr 2009 die Bedingungen für das Tragen der Schwimmanzüge in vielerlei Hinsicht ein. Unter den neuen Regeln war auch die bereits bekannte Bedingung, dass lediglich das Tragen eines einzelnen Anzugs erlaubt ist (FINA, Dubai Charter, S.3). Bereits im

Frühjahr des selben Jahres wurde aufgrund dessen ein Weltrekord annuliert: die Schwedin Therese Alshammar hatte während des Rennens zwei Anzüge übereinander getragen (Gutiérrez, 2009, S.1). In der Charter wurde darüber hinaus festgelegt, dass der Anteil an non permeablen, also wasserabweisenden Materialien höchstens 50 % betragen darf, die Dicke nicht einen Millimeter überschreiten darf und schließlich, dass der Anzug dem Schwimmer höchstens einen Auftrieb der Kraft ein Newton gewähren darf (FINA, Dubai Charter, S.3). Die FINA schuf so bessere Bedingungen für einen fairen Wettkampf. Der Grund aus dem Anzüge aus non permeablen Materialien für Auftrieb sorgen ist denkbar einfach: Während des Eintauchens nach dem Startsprung und nach den Tauchphasen werden Luftblasen zwischen Haut und Stoff oder Stoff und Stoff eingeschlossen. Diese helfen dem Schwimmer so mit weniger Energieaufwand eine vorteilhafte Wasserlage beizubehalten. In welchem Umfang dieser Lufteinschluss von statten geht, lässt sich jedoch nicht genau feststellen, da die Luft zufälligerweise eingeschlossen wird.

2.4 Verringerung des Wasserwiderstands

Der Eigenschaft der Schwimmanzüge, welcher wohl die meiste Aufmerksamkeit geschenkt wird, ist die Verringerung des Wasserwiderstandes durch eine vorteilhafte Oberflächenstruktur. Bei der Entwicklung widerstandsarmer Oberflächen, nahmen sich Hersteller ein Vorbild aus der Natur und versuchten so die Haut schneller Fische nachzuahmen. Untersuchungen der Haut von Gallapagos-Haien hatten schon früh erstaunliche Ergebnisse hervorgebracht. Diese ist nicht etwa besonders glatt, sondern weist in ihrer Mikrostruktur kleine, in Schwimmrichtung ausgerichtete „Zacken" (sogenannte Plakoid-Schuppen) auf (Reif, 1985, S.19f). Diese variieren je nach Haiart und je nachdem wo sie auf dem Körper des Hais sind. Im Allgemeinen sind sie jedoch ca. 200-500µm groß und überlappen oder greifen ineinander. Folgende Abbildungen zeigen verschiedene Oberflächen:

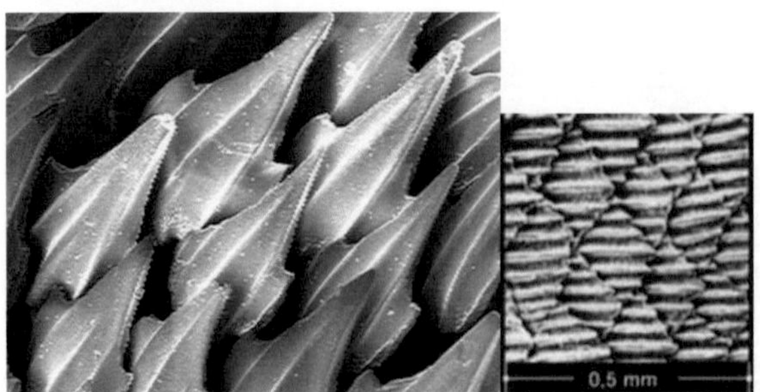

Abb.5 und Abb.6: Ausschnitte aus mikroskopierter Haifischhautoberfläche

Wie die Abbildung zeigt, besitzen die einzelnen Riblets ein longitudinal in Schwimmrichtung ausgerichtetes Relief.

Um nun zu verstehen, warum diese Ribletoberfläche hilft, den Strömungswiderstand beim Schwimmen zu verringern müssen einige grundlegende Sachverhalte der Fluiddynamik erklärt werden. In diesem Teilbereich der Physik unterscheidet man zwei verschiedene Arten von Strömungen:

1. Laminare Strömungen: Ein Fluid (oder Gas), das laminar strömt besteht aus Schichten, die sich nicht miteinander vermischen. Diese bewegen sich nur in eine Richtung.

2. Turbulente Strömungen: Ein Fluid (oder Gas), das von turbulenter Strömung beeinflusst wird, bewegt sich ungeordnet und in viele verschiedene Richtungen.

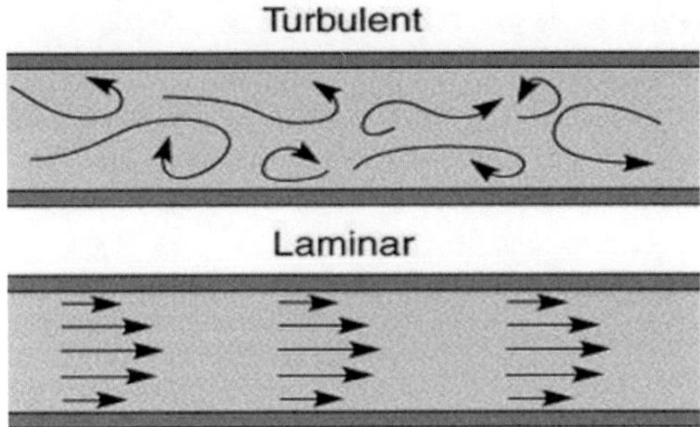

Abb.7 Schematische Darstellung von turbulenter und laminarer Strömung

Außerdem muss in diesem Zusammenhang das Phänomen der Grenzschicht erklärt werden. Diese teilt ein Flüssigkeit, welche an einer Oberfläche entlang strömt in zwei Schichten ein: eine Außenschicht, in der praktisch keine Reibung vorliegt und eine dünne „Grenzschicht". In dieser Grenzschicht spielt die Reibung eine wesentliche Rolle.

Zunächst ist festzustellen, dass (nahezu) ausschließlich laminare Strömungen nur bei geringen Geschwindigkeiten auftreten; bei höheren Geschwindigkeiten nimmt der Anteil an turbulenten innerhalb der Grenzschicht immer weiter zu. Für einen sich durchs Wasser bewegenden Körper bedeutet dies nun, dass die verwirbelten (turbulent strömenden) Teilchen aufgrund der Haftreibung quer zur Schwimmrichtung oder sogar entgegen der Schwimmrichtung ausgerichtete Kräfte entstehen lassen und so die Reibung deutlich erhöhen.

Genau dies verhindert in der Natur die Haihaut: durch die rillenartige Struktur werden turbulente Strömungen in ihre ursprüngliche Fließrichtung zurückgebracht. Somit erhöht sich der Anteil an laminaren Strömungen enorm und der Widerstand wird geringer (Stoller, 2013, o.S.).

Jedoch ist hierbei ein Experiment aus dem Jahr 2012 zu erwähnen. Johannes Oeffner und George V. Lauder von der Harvard University führten Versuche mit echter Haihaut und dem Speedo Fastskin© durch, wobei sie feststellen mussten, dass beide beim überströmen mit Wasser (verglichen mit entschuppter Haut) zunächst nicht nur keine Widerstandsverminderung brachten, sondern sogar bremsten. Erst als sie die Haut während des Überströmens wellenförmig durch das Wasser bewegten konnten sie eine deutliche Geschwindigkeitserhöhung feststellen (ca. 12%). Dies ist dadurch zu erklären, dass das Wasser beim Vorbeiströmen an den Riblets im Bereich hinter diesen durch einen entstehenden Unterdruck zu sogenannten Wirbelschleppen wird, welche durch ihre Ausrichtung einen Vortrieb erzeugen. Die folgende schematische Abbildung stellt den Sachverhalt grafisch dar:

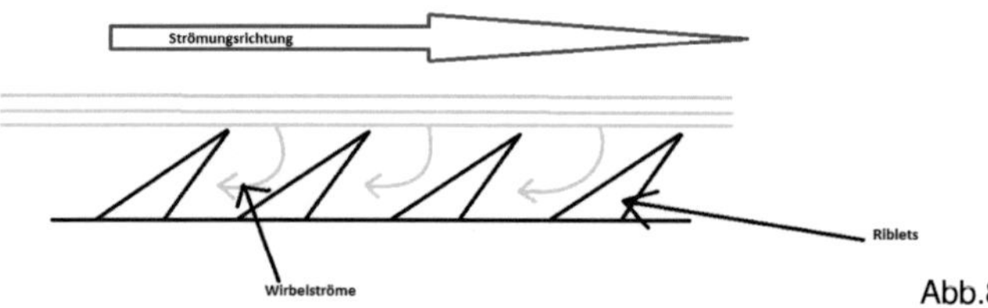

Abb.8

Oeffner und Lauder konnten in ihrem Versuch mit dem Speedo Fastskin© jedoch keine geschwindigkeitssteigernde Wirkung feststellen (Oeffner et al., 2012, S.1ff).

2.4.1 Andere Anwendungen des Haifischhauteffekts

Nichtsdestotrotz wird das Prinzip der Widerstandsverringerung durch die Plakoid-Schuppenoberfläche schon in anderen Bereichen der Technik mit Erfolg getestet. So konnte durch das Aufstreichen speziellen „Riblet-Lacks" auf die Oberfläche von Flugzeugen deren Luftwiderstand verringert werden. So könnten im Luftverkehr jährlich über vier Millionen Tonnen Kerosin eingespart werden. Ein Containerschiff mit entsprechender Beschichtung könnte 2000 Tonnen Treibstoff jährlich einsparen. Auch auf den Rotorflächen von Windrädern aufgetragen könnte der Lack die Energieausbeute um fünf Prozent steigern (Stoller, 2013, o.S.). Es wird also ersichtlich, dass die von Sportartikelherstellern gewonnenen Erkenntnisse auch über den Sport hinaus Nutzen bringen. Die erwähnten Anwendungen erscheinen nicht nur aus wirtschaftlicher, sondern auch aus umwelttechnischer Sicht als gute Investition in die Zukunft und könnten die geplante „Energiewende" einen weiteren Schritt voranbringen.

3. Fazit

Abschließend lässt sich feststellen, dass die positive Wirkung der Schwimmanzüge auf die Schwimmgeschwindigkeit keinesfalls eindeutig belegbar ist.

Weder die Leistungssteigerung durch Muskelkompression, noch durch Widerstandsverringerung oder Auftriebserhöhung lassen sich objektiv beurteilen.

Da die geschwommenen Rekorde in der Zeit vor dem Verbot der Anzüge jedoch unbestreitbar außergewöhnlich sind, könnten andere Aspekte zur Begründung herangezogen werden. So könnte zum Beispiel das Tragen eines vermeintlich leistungssteigernden Anzugs allein durch einen „Placebo-Effekt" zu einer erhöhten Motivation und so zu besseren Zeiten geführt haben. Jedoch erscheint es genau wegen der Unberechenbarkeit der Wirkung der „Hightech-Anzüge" umso vernünftiger, dass diese schließlich von offiziellen Wettkämpfen verbannt wurden.

4. Literaturverzeichnis

Berry, Michael, McMurray, Robert, "Effects of graduated compression stockings on blood lactate following an exhaustive bout of exercise" In: American Journal of physical Medicine(1987). S.121-132 66

Chatard JC u.a, "Elastic stockings, performance and leg pain recovery in 63-year-old sportsmen" In: European Journal of applied Physiology 93 (2004). S.347-352

Jürgen Klauck, Andreas Bieder, Schwimmanzug und Wasserwiderstand, In: Schwimmen: biomechanische, sportmedizinische und didaktische Analysen, Dieter Strass, Andreas Hahn, Klaus Reischle (Hrsg.), Hamburg, Verlag Dr. Kovac, 2002

Lawrence D., Kakkar VV, "Graduated, static, external compression of the lower limb: a physiological assessment", In: British Journal of Surgery (1980) 67. S. 119-121

Oeffner Johannes, Lauder George V., The hydrodynamic function of shark skin and two biometic applications, In : The Journal of Experimental Biology 215 (2012). S785-795

Reif, Wolf-Ernst, Squamation and Ecology of Sharks, Senckenbergische Naturforschende Gesellschaft (Hrsg.), Frankfurt am Main, 1985

Tobias Siebert, Michael Fischer, Reinhart Blickhan, Work partitioning of transversally loaded muscle: experimentation and simulation, Th. Ertelt, Jena (Hrsg.), Verlag Dr. Kovac, 2011

Internetquellen:

Brockmann, Mirjam: Polyamid – Nylon

http://www.chemie.fu-berlin.de/chemistry/kunststoffe/amid.htm

Abrufdatum 26.10.2014

Stand 2000

Brockmann, Mirjam: Chemiefasern

http://www.chemie.fu-berlin.de/chemistry/kunststoffe/fasern.htm

Stand 2000

Abrufdatum 26.10.2014

Brockmann, Mirjam

http://www.chemie.fu-berlin.de/chemistry/kunststoffe/elastan.htm

Stand 2000

Abrufdatum 26.10.2014

FINA: Athletes Biographie. Michael Phelps

http://www.fina.org/H2O/index.php?option=com_wrapper&view=wrapper&Itemid=1241

Stand 2014

Abrufdatum 25.10.201

Kelnberger, Josef: Der Irrsin von Rom.

http://sz.de/1.164294

Stand 17.05.2014

Abrufdatum 25.10.2014

FINA: Dubai Charter on FINA requirements for swimwear approval

http://www.fina.org/project/images/help/the%20dubai%20charter.pdf

Stand 28.07.2014

Abrufdatum 25.10.2014

Gutiérrez, Iris: Neue Regeln, alte Probleme

http://www.focus.de/sport/mehrsport/tid-13794/schwimmanzug-streit-neue-regeln-alte-probleme_aid_384386.html

Stand 26.03.2009

Abrufdatum 27.10.2014

NASA: Record breaking benefits.

http://www.nasa.gov/offices/oct/home/tech_record_breaking.html#.VEynmRaf5oh

Stand 31.10.2014

Abrufdatum 26.10.2014

Speedo: Webauftritt bzgl. Fastskin LCR Racer Elite 2©

http://www.speedostoreeu.com/fastskin/fastskin-mens-racing-suits/809172A.html?dwvar_809172A_color=9115&cgid=fastskin-mens-racing-suits#cgid=fastskin-mens-racing-suits&cgid=fastskin-mens-racing-suits&start=2

Stand 2014

Abrufdatum 26.10.2014

Speedo: Webauftritt bzgl. Fastskin® FSII

http://www.speedo.de/de/aqualab_technologies/aqualab/racing_suits_fastskin_fsii/inde
x.html

Stand 2014

Abrufdatum 26.10.2014

Spiegel Online: Schwimmen: Ärger um hautenge Wunderanzüge.

http://www.spiegel.de/sport/sonst/schwimmen-aerger-um-hautenge-wunderanzuege-a-
69364.html

Stand 17.03.2000

Abrufdatum 25.10.2014

Stoller, Detlef: Fünf Prozent mehr Windernte durch Haifischhaut-Lack

http://www.ingenieur.de/Themen/Forschung/Fuenf-Prozent-Windernte-Haifischhaut-
Lack

Stand 20.12.2013

Abrufdatum 30.10.2014

Zinkant, Katrin: Mehr als nur gedopt.

http://www.zeit.de/online/2008/34/schwimmen-rekorde-doping

Stand 22.10.2008

Abrufdatum 25.10.2014

Abbildungen:
Abb.1: http://www.chemie.fu-berlin.de/chemistry/kunststoffe/bilder/nyfaser.gif(22.09.14)
(bearb.)
Abb.2:http://www.chemie.fu-
berlin.de/chemistry/kunststoffe/bilder/syn_pa66.gif(22.09.14)(bearb.)
Abb.3: http://www.chemie.fu-berlin.de/chemistry/kunststoffe/bilder/elastan.gif(23.09.14)
(bearb.)
Abb.4:http://www.gefaesszentrum-
bremen.de/lexikon/images/muskelpumpe.jpg(21.09.14)

Abb.5:http://www.conti-

online.com/www/linkableblob/reifen_de_de/6847762/data/bionic_shark_uv-

data.jpg(20.09.14)

Abb.6:http://www.deutschlandfunk.de/media/thumbs/c/c9434f7f1b20f9c0f96ad236ad7c

6d11v2_max_450x337_b3535db83dc50e27c1bb1392364c95a2.jpg(20.09.14)

Abb.7: http://www.e-cooling.de/grafiken/1-1a.jpg(21.09.14)

Abb.8: Eigene Darstellung

BEI GRIN MACHT SICH IHR WISSEN BEZAHLT

- Wir veröffentlichen Ihre Hausarbeit,
  Bachelor- und Masterarbeit

- Ihr eigenes eBook und Buch -
  weltweit in allen wichtigen Shops

- Verdienen Sie an jedem Verkauf

Jetzt bei www.GRIN.com hochladen
und kostenlos publizieren